Armin Täubner

WINTERMOBILES

Stimmungsvolle Mobiles aus Wellpappe

frechverlag

Von dem bekannten Autor Armin Täubner sind im frechverlag zahlreiche andere Titel erschienen. Hier eine Auswahl:

TOPP 2108

TOPP 2112

TOPP 2113

TOPP 2240

TOPP 2241

TOPP 2243

Fotos: frechverlag GmbH + Co. Druck KG, 70499 Stuttgart; Fotostudio Täubne

Auflage: 5. 4. 3. 2. 1. | Letzte Zahlen
Jahr: 2001 2000 1999 98 97 | maßgebend

frechverlag GmbH + Co. Druck KG, 70499 Stuttga

ISBN 3-7724-2245-4 · Best.-Nr. 2245 Druck: frechverlag GmbH + Co. Druck KG, 70499 Stuttga

Wenn an einem kalten Wintertag wohlige Wärme vom Heizkörper aufsteigt, dann tanzen die kleinen Wichtel dieses Buches durch die Lüfte, die Tannen wiegen sich im Wind, die Glocken schwingen hin und her.

Die hier vorgestellten Mobiles zaubern winterliche oder weihnachtliche Stimmung in Ihre Wohnung – je nach Motiv. Sie werden überwiegend aus stabiler Wellpappe gearbeitet, aber auch Kombinationen mit Tonkarton sind möglich.

Wählen Sie zwischen herkömmlicher Wellpappe und 3D-Colorwelle, und setzen Sie die unterschiedliche optische Wirkung als zusätzliches Gestaltungselement ein.

Ob Sie die Mobiles einfarbig oder mehrfarbig arbeiten, bleibt Ihnen überlassen. Sie können die Einzelteile der Mobiles untereinander kombinieren, die Motive an anderen Trägern oder Rahmen aufhängen oder einfach als Kette aneinanderreihen.

Schon beim kleinsten Luftzug beginnt der Engelreigen. Kaum öffnen Sie das Fenster oder die Tür, schon werden die Schneemänner lustig durch die Luft gewirbelt. Wann schwebt der erste Engel durch Ihr Zimmer?

1.

2.

3.

4.

SCHRITT-FÜR-SCHRITT-ANLEITUNG

1. Pausen Sie alle Teile des ausgewählten Mobiles nebeneinander ohne Überschneidungen auf Transparentpapier ab. Die Aufhängelöcher nicht vergessen.

2. Kleben Sie die abgepausten Motivteile auf einen dünnen Karton.

3. Schneiden Sie die Teile mit dem Cutter exakt aus. Achten Sie auf eine geeignete Schneideunterlage (Fachhandel). Sie können dafür auch ein Küchenschneidebrett aus Kunststoff verwenden. Die ausgeschnittenen Teile sind Ihre Schablonen.

4. Legen Sie eine Schablone auf die glatte Rückseite der farblich gewünschten Wellpappe. Beachten Sie dabei den Verlauf der Wellenstruktur. Auf dem Vorlagenbogen deuten kleine Doppelpfeile den Wellenverlauf an.
Bei einigen Mobiles bietet es sich an, einige Teile aus Tonkarton zu fertigen. Legen Sie die entsprechenden Schablonen auf den farblich gewünschten Tonkarton. Zeichnen Sie den Umriß mit Bleistift nach. Verfahren Sie so mit sämtlichen benötigten Teilen.

5. Schneiden Sie die Motivteile mit dem Cutter aus (Schneideunterlage nicht vergessen).

6. Damit Vorder- und Rückseite gleich schön aussehen, kleben Sie das ausgeschnittene Teil mit dem Rücken auf ein Stück Wellpappe derselben Farbe. Der Verlauf der Wellenstruktur sollte auf beiden Seiten identisch sein.

7. Schneiden Sie mit dem Cutter die Konturen nach. Jetzt sind Vorder- und Rückseite gleich.

8. Sie können nun die Aufhängelöcher anbringen, indem Sie die entsprechende Schablone auf das Wellpappeteil legen und durch diese vorsichtig in das Wellpappeteil stechen. Zum Schluß werden die beweglichen Teile an Fäden aufgehängt.

Tip:

Die Aufhängefäden der beweglichen Teile können Sie auch zwischen Vorder- und Rückenteil ziehen, indem Sie die frisch aufeinandergeklebten Teile mit einem Messer leicht spreizen, den Faden einziehen und dann beide Teile wieder fest zusammenpressen. Auf diese Weise werden auch die Hüte und die Skier der Schneemänner, Seite 25, und die Schlitten der Wichtel, Seite 10/11, angebracht.

5.

6.

7.

8.

TANZENDER ENGEL

(siehe Schritt-für-Schritt-Anleitung, Seite 4/5)

Der Aufhängefaden wird zwischen Vorder- und Rückenteil geklebt. Das Gesicht und die Flügel werden aus Tonkarton ausgeschnitten und von vorne bzw. von hinten am Engel angebracht.

ENGELREIGEN

Diese Engel sind mit dem „tanzenden Engel" auf Seite 6 identisch. Wenn Sie die paarweise angeordneten Aufhängelöcher in den Stern gebohrt haben, werden an den drei inneren Lochpaaren die Aufhängefäden für das Mobile angeknüpft und nach etwa 20 cm mit einem Knoten zusammengefaßt. Nach 3 cm folgt ein weiterer Knoten. Nun können Sie die Engel aufhängen. Der Abstand zwischen den Engeln und dem Stern beträgt 10 cm bzw. 20 cm.

STERNE IN SILBER UND GOLD

Diese Sterne werden aus 3D-Colorwelle gearbeitet. Bei der verwendeten Wellpappe sind die Vorder- und Rückseite unterschiedlich eingefärbt, die silberne Wellpappe hat beispielsweise eine goldene Rückseite.

Wenn Sie den großen silbernen Stern ausgeschnitten haben, kleben Sie ihn auf ein zweites Wellpappestück und schneiden nur die äußere Kontur mit dem Cutter nach. In der Mitte bleibt nun die goldene Rückseite des zweiten Wellpappestücks sichtbar.

STERNE IN ROT UND WEISS

Bei diesem Mobile werden dieselben Vorlagen wie für die „Sterne in Silber und Gold", Seite 8, verwendet. Die Sterne werden ebenfalls aus 3D-Colorwelle gearbeitet.

ZWEI WICHTEL IM SCHNEE

Beim Zusammenkleben und Ausschneiden (siehe Seite 5, Punkt 6 und 7) sollte jeder Wichtel zunächst nur oberhalb der gepunkteten Linie mit Klebstoff bestrichen werden. Zwischen seine Beine wird anschließend der Schlitten aus Tonkarton geschoben und fixiert. Die Radien für den ringförmigen Rahmen betragen 10,5 cm und 13,5 cm.

WICHTELSPIRALE

Die Wichtelspirale wird genauso gearbeitet wie die Schneemannspirale auf Seite 17. Der waagrechte Aufhängungsring ist bei beiden Spiralen identisch.
Die Vorlage und die Anleitung für die Wichtel finden Sie auf Seite 10.

ENGELDUETT

Beim Zusammenkleben und Ausschneiden (siehe Seite 5, Punkt 6 und 7) wird bei den kleinen Wolken jeweils nur die untere Hälfte mit Klebstoff bestrichen, da später noch der Engel aus Tonkarton in die obere Hälfte hineingesteckt und fixiert werden muß.

GLOCKENSPIEL

(Abbildung Seite 15)

Jede Glocke wird sofort nach dem Zusammenkleben und Ausschneiden (siehe Punkt 6 und 7, Seite 5) mit einem Messer an einer Seite bis zur Mitte gespreizt. Nun wird ein Faden zwischen die Wellpappeteile gezogen, dann wird die Glocke wieder zusammengedrückt. Alternativ dazu können Sie natürlich auch einfach ein Loch stechen und einen Faden anknoten.

SCHNEEMANNDUO

(Abbildung Seite 16)

Beim frisch zusammengeklebten Schneemann werden die beiden Kopfteile mit einem Messer gespreizt und der Hut dazwischen gesteckt. Augen, Nasen und Knöpfe werden mit einem Lackstift aufgetupft. Den Mund malen Sie mit einem schwarzen Filzstift auf. Die Schneemänner können Sie beidseitig bemalen. Die Fliegen werden aufgeklebt.

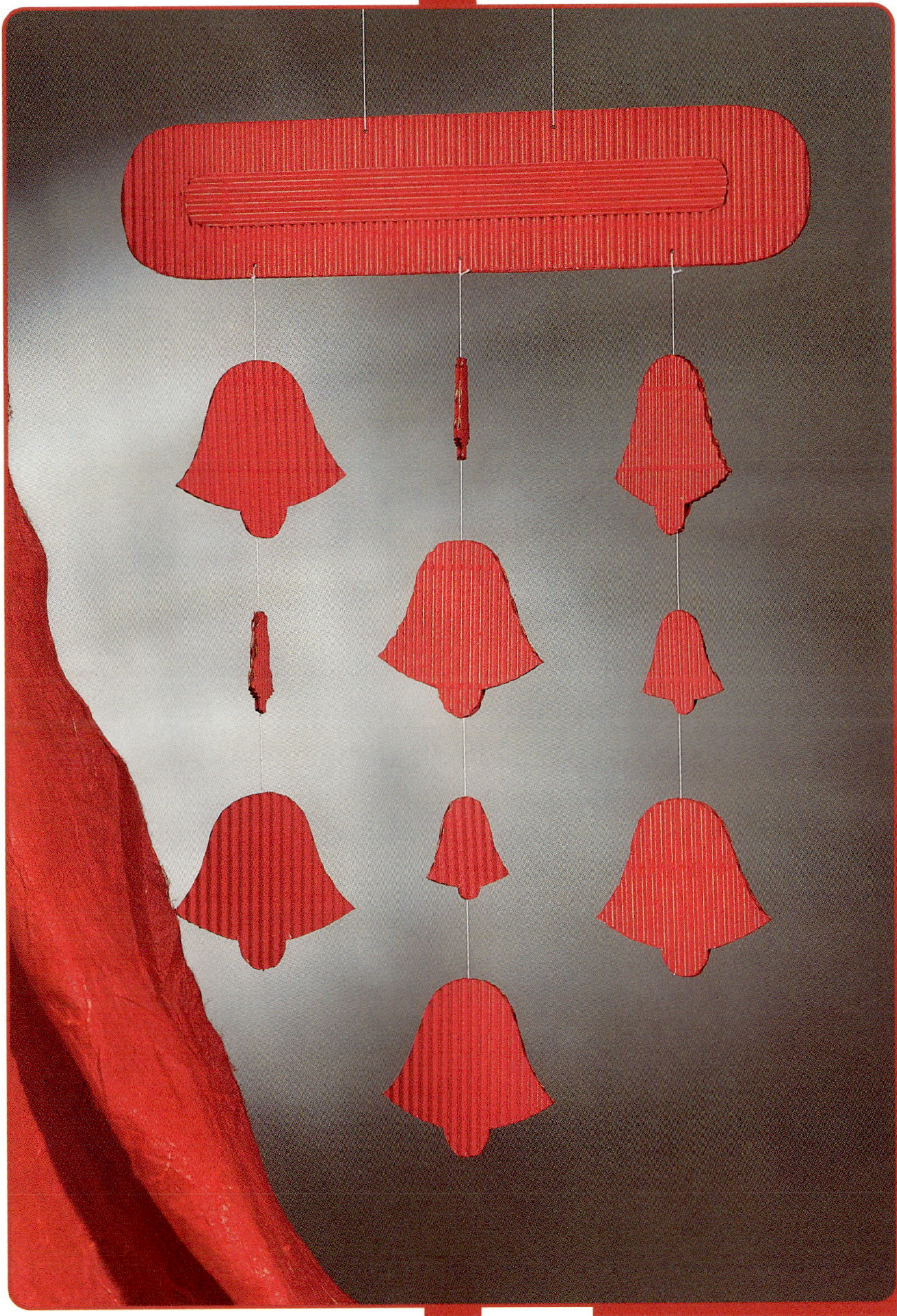

SCHNEEMANNDUO

SCHNEEMANN-SPIRALE

Die Schneemänner dieser Spirale werden genauso gearbeitet wie das „Schneemannduo" auf Seite 16.

In den Ring werden durch die aufgelegte Ringschablone vorsichtig die sechs Lochpaare eingestochen.

An jedem Lochpaar knüpfen Sie einen Aufhängefaden an. Nach etwa 20 cm werden die Fäden miteinander verknotet. Nach 2 cm folgt ein weiterer Knoten.

Hängen Sie den Ring auf. Von unten wird an jedem Lochpaar ein Faden mit einem Schneemann angeknotet, der erste nach 6 cm, der zweite nach 12 cm, der dritte nach 18 cm usw.

Die Schneeflocken (8 mm Durchmesser) sind als selbstklebende, weiße Markierungspunkte im Bürobedarf erhältlich. Jeweils zwei Punkte deckungsgleich auf die Fäden kleben – und schon schneit es!

WEISSE TANNEN – ROTE STERNE

TANNEN IM WIND

DING, DING, DONG

Sofort nach dem Zusammenkleben und Ausschneiden jeder Glocke (siehe Seite 5, Punkt 6 und 7) wird der untere Rand mit einem Messer gespreizt und der runde Klöppel zwischen die beiden Glockenteile geschoben.

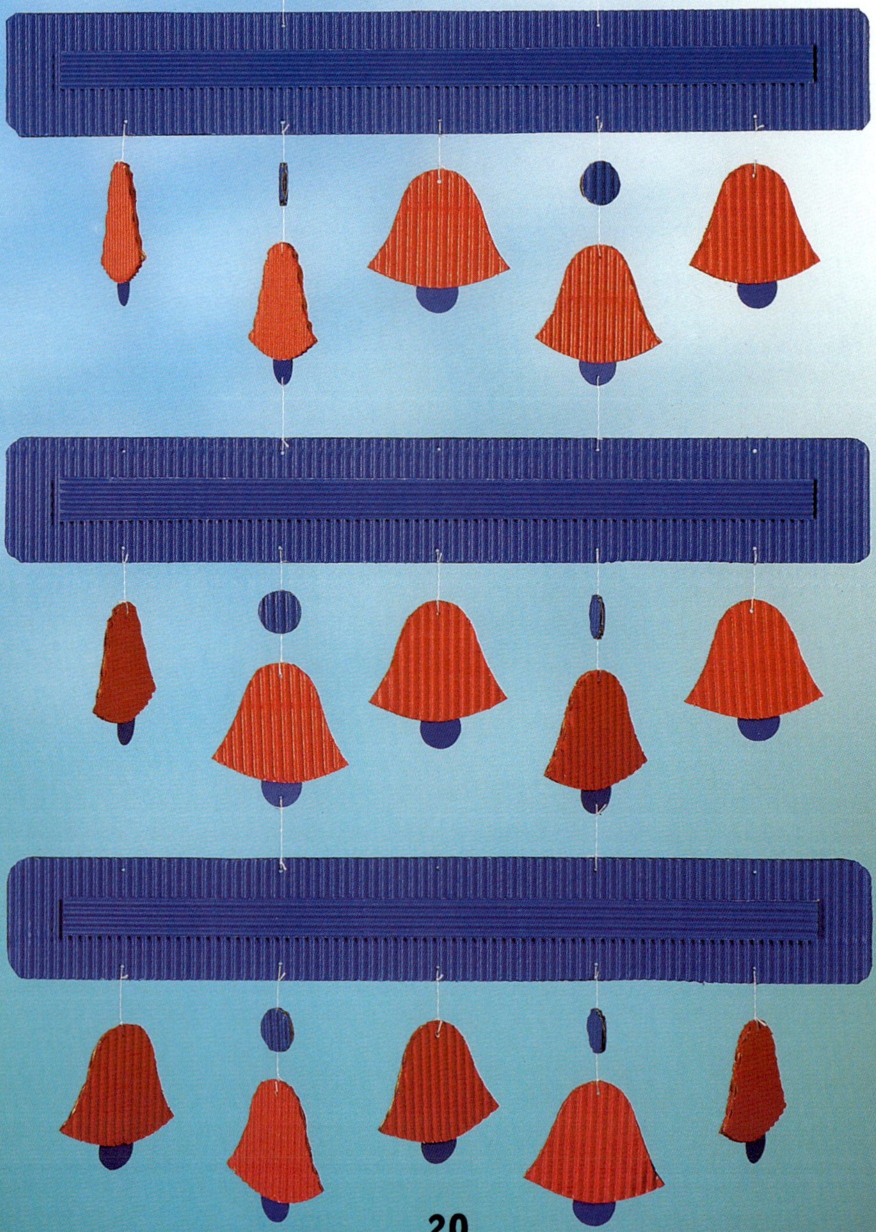

KERZEN, KERZEN, KERZEN

Bei den zehn Kerzen werden ausnahmsweise die Vorder- und die Rückseite mit der Schablone auf Wellpappe übertragen. Die Kerzenteile werden ausgeschnitten, bevor jeweils eine Flamme und ein Kerzenhalter zwischen zwei Kerzenteile geklebt werden. Die Punkte zeichnen Sie am besten mit einer Kreisschablone auf.

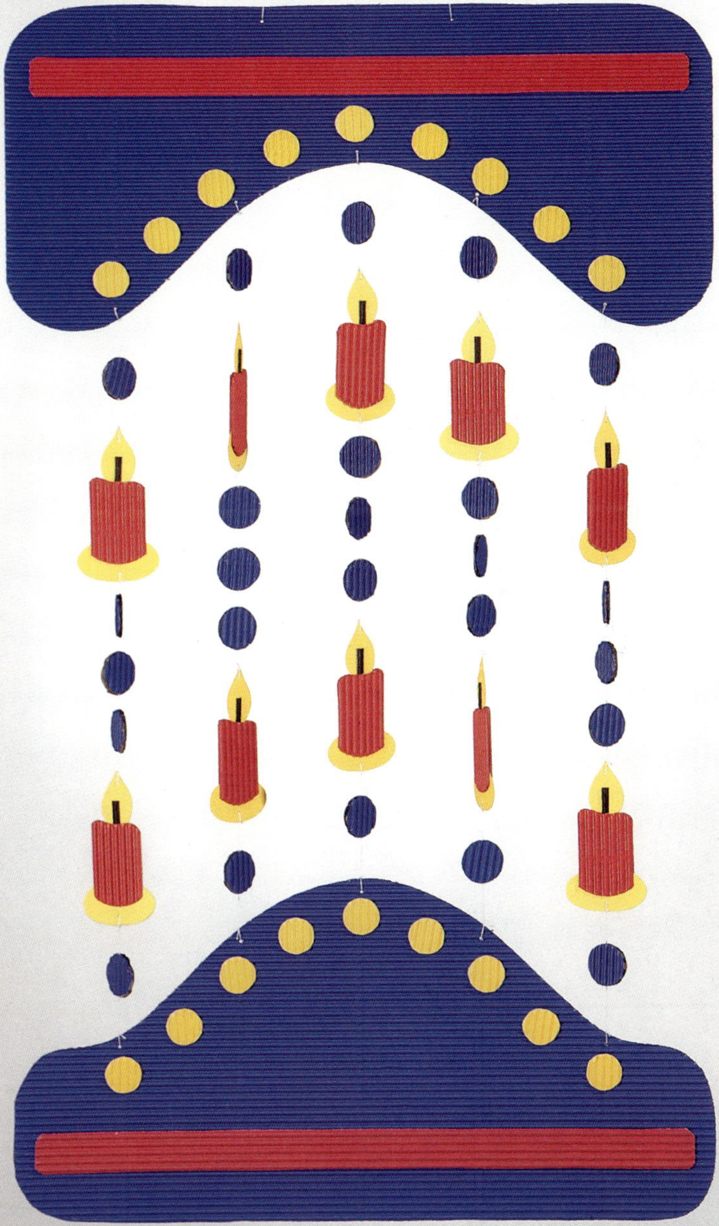

GLOCKEN UND HERZEN

STERNENGLANZ

ES SCHNEIT!

Der Hut und die Gesichtsteile werden aus Tonkarton gefertigt. Beim Zusammenkleben und Ausschneiden (vgl. Seite 5, Punkt 6 und 7) wird nur der Rumpf mit Klebstoff bestrichen. Anschließend können die beiden Kopfteile gespreizt und der mit Klebstoff bestrichene Hut zwischen diese geschoben werden.

AUF DER PISTE

AUF DER PISTE

(Abbildung Seite 25)

Der Rahmen besteht aus 3D-Colorwelle. Diese Wellpappe ist wesentlich formstabiler als die herkömmliche und deshalb für große Rahmen besser geeignet.
Sobald ein Schneemann aufgeklebt und ausgeschnitten ist (siehe Seite 5, Punkt 6 und 7), werden, solange der Klebstoff noch nicht angetrocknet ist, der Kopf und die Beine mit einem Messer gespreizt und der Hut bzw. die Skier zwischen die Teile geschoben.

AN DER KRIPPE

(Abbildung Seite 27)

Alle Teile werden aus goldfarbener 3D-Colorwelle ausgeschnitten. Da diese Wellpappe viel formstabiler als die herkömmliche ist, genügt es, den Stall nur einmal auszuschneiden. Bis auf den Stern verlaufen bei allen Teilen die Wellen waagrecht.

LICHTERGLANZ

(Abbildung Seite 28)

Die gelben Grundteile (durchgezogene Linie) werden aus Tonkarton ausgeschnitten. Bei den Anhängern kleben Sie zuerst die waagrechten blauen Streifen auf beiden Seiten an. Direkt daran anschließend werden die weißen Kerzen gebracht.

LICHTERGLANZ

KERZENSCHEIN

Kerzen und Flammen werden aus Tonkarton ausgeschnitten. Die Flamme wird für jede Kerze doppelt benötigt. Sofort nach dem Zusammenkleben und Ausschneiden (siehe Seite 5, Punkt 6 und 7) wird der blaue Rahmen dort, wo die Kerze eingeschoben werden muß, mit dem Messer gespreizt. Anschließend kann der Rahmen an dieser Stelle wieder zusammengedrückt werden.

HIMMLISCHE BOTEN

Die beiden Engelmobiles auf den Seiten 30 und 31 gehen auf dieselbe Vorlage zurück. Die Wellpappekreise haben einen Durchmesser von 11 cm (Radius: 5,5 cm). Hier sehen Sie, wie Sie durch verschiedene Anordnungen ganz unterschiedliche Wirkungen erzielen können. Probieren Sie das doch auch einmal mit einem beliebigen Mobile dieses Buches aus!

VERSCHNEITES DORF

Auf die bunten Häuschen aus Tonkarton werden beidseitig und deckungsgleich die Schneeflächen geklebt. In regelmäßigen Abständen angebrachte Schneeflocken lockern das Mobile auf.